JN246504

日本列島にいたオオカミたち

【目次】

はじめに

私の小学校一年からの同級生にＭ君がいた。あるとき、彼が「僕の家にはオオカミがいる」というので、みんなで彼の家に行ったことがある。広い庭の奥につながれていたのは、だれがみてもシェパードだった。それ以来、彼の発言は、あまり信用されなくなってしまった。しかし、八千草薫の親戚だというのは、事実だった。数年前、彼が亡くなり、葬儀に出席したら、清純派女優として人気だったころの面影を残した八千草薫その人がいたからである。

Ｍ君のエピソードを紹介したのは、オオカミは当時の少年たちにとって特別の存在だった気がするからである。

私がオオカミをとくに好きになったのは、多くのオオカミファン同様で、アーネスト・Ｔ・シートンの『動物記』や、ジャック・ロンドンの世界的ベストセラーである『野性の呼び声』を中学生時代に夢中になって読んだからである。

ところが新聞記者になってからは、なぜかオオカミにかんする取材をするチャンスがなく、一面のコラムや社会面のコラムにときどき書かせてもらった程度で、退職することになった。そんなとき、「退職したら、何か書いてくれないか」と言われ、「赤旗」の「くらし・家庭」のページの下4段に毎週金曜日付で、「日本列島にいた狼（オオカミ）たち」を九回連載することになったのである。第一回が掲載されたのは、退職三ヶ月後の二〇〇七年の七月六日である。

この連載を、十年経ってそのまま再録したのが、本書である。いまごろになって、単行本にした理由は、末尾のオオカミ関連本をみてもらえばわかるように、ニホンオオカミは、いまもどこかで生き残っているのではないか、という視点から書かれた本が多く、ニホンオオカミとエゾオオカミは、どんな形態をしており、いったいどこから来たのか、という視点で書かれたものが少ないことに気づいたからである。

とはいえ、十年前の時点で書いたものであり、その後わかった新事実は当然含まれていない。しかし、新聞記者のはしくれだったこともあり、資料提供で協力してくれた人も何人かいたため、当時としては、最新のニュースや事実は盛り込んだ積もりである。そのことを考慮していただければ、いくらか役に立つのではないかと自負している。

なお、作家の戸川幸夫氏がエドウィン・ダン氏の二男の夫人から借りた『我が半世紀の回想』からのエゾオオカミの紹介部分は、戸川氏の著書『狼の軌跡』（戸川幸夫動物文学全集12巻所収）からの引用であり、連載で書きもらしたことをここでおわびさせていただく。

最後に、私に連載を書くチャンスをくれた「くらし・家庭部長」だった稲村七郎氏、貴重な資料を提供してくれた松橋隆司元赤旗編集委員にお礼を申し上げたい。

エゾオオカミ　北海道

日本列島には、百数十年前まで、二種類のオオカミが生息していました。ところが、明治時代に相次いで絶滅に追い込まれました。オオカミはなぜ絶滅したのか。日本列島にはどんなオオカミがいたのか。探ってみました。

■掃討作戦で絶滅？

北海道にいたエゾオオカミは、人間にはやさしかったようです。

北海学園大学教授だった更科源蔵氏の著書『コタン生物記Ⅱ　野獣・海獣・魚族篇』（法政大学出版局、１９７６年刊）にこんな話が載っています。

――狼のことを釧路地方では狩をする神と呼び、十勝地方では鹿を獲る神と呼んでいる。この神様は鹿を獲って満腹になると、人間を呼んで残りの肉をさずけてくれるからである。また狼が鹿を獲って食べているところに行きあっても、咳払いをすると獲物を置いて人間に席を譲ってくれるものであるという。

アイヌの人たちとエゾオオカミが〝いい関係〟で共生できたのは、明治以前の北海道には信じられないくらいたくさんのエゾシカがいたからと思われます。ところが、平岩米吉氏の著書『狼―その生態と歴史』などによれば、明治に入って続々と開拓民が送り込まれ、エゾシカを毎年何万頭も殺したため、エゾシカが激減しました。

その結果、主食の鹿を獲れなくなったエゾオオカミは家畜、なかでも牧場の馬を狙うようになったのです。このため、オオカミの掃討作戦が行われ、オオカミの捕獲者には、最高で一頭十円という高額の賞金まで出したのです。賞金制度が一八八八年に廃止されるまで全道で捕獲されたオオカミの数は一千五百三十九頭とも一千八百二十七頭ともいわれています（このなかには北海道開拓使だったエドウィン・ダン氏の献策によって牧場で毒殺されたオオカミは入っていません）。こうしてエゾオオカミは一八八九（明治二十二）年ごろまでにほぼ絶滅においこまれたとみられています。

■大きな頭と長い爪と……

では、エゾオオカミはどれぐらいの大きさだったのか。作家の戸川幸夫氏がエドウィン・ダン氏の二男の夫人ダン・道子さんから拝借したダン氏の書いた『わが半世紀の回想』（高倉新一郎他訳、１９５７年刊）に貴重な記録があります。ダン氏はこう記しています。

「十分に生育した狼は七十ポンドから八十ポンドの重量があり、大きな頭と恐ろしい歯牙で武装された口とを持っている。一般に極めて痩せていたが、筋肉はすばらしく逞（たくま）しかった。毛の色は夏の間は灰色であるが、冬になると灰色がかった白色になり、毛は厚く且（か）つ長くなる。足跡はその大きさですぐわかる。一番大きな犬の足よりも三倍か、四倍の大きさがあり、その形は似ているが爪はずっと長い」

七十ポンドから八十ポンドと言えば、換算すれば三十二キロから三十六キロになります。アーネスト・Ｔ・シートンによれば、アメリカのハイイロオオカミの体重がオス三十五キロ～四十七キロ、メス二十五キロ～三十六キロといいますから、ハイイロオオカミの小型のオスぐらいだったことになります。

■「狼の王」の学名も

平岩氏と並んで、戦前から日本犬とオオカミの研究に打ち込んできた斎藤弘吉氏は著書『日本の犬と狼』(1964年刊)で、エゾオオカミについてこう指摘しています。

「現在、標本の残っているものは、北海道大学博物館に牝牡の剥製一対とアイヌ人が狩猟神として祭った狼頭骨牝牡各一頭分収蔵されており、他に故杉山氏蔵の狼頭骨一個、並びに大英博物館所蔵の牡頭骨があって合計六体である。大英博物館所蔵の頭骨は特に巨大で、先年同博のポコック氏がカニス・ルプス・レックスという狼の王の意の新学名をつけて発

「赤旗」連載第一回に掲載したエゾオオカミのはく製(写真提供＝北海道大学植物園)

表したくらいであって、旧大陸で獲られた狼中では、シベリアのコリマ河畔で捕った、カニス・ルプスデュダンスキー牡が匹敵するぐらいであろう」

ニホンオオカミ

一九九二年八月、広島県加計町の福光寺に保管されていた頭骨がニホンオオカミの頭骨と鑑定されました。明治八（一八七五）年に亡くなった「住職の大祖父」が寺近くで捕獲したとの伝承があるといいます。

西日本では、四国や九州でニホンオオカミの頭骨が見つかっていますが、中国地方で、ニホンオオカミの頭骨が確認されたのは、初めてのことです。同地方に江戸時代、あるいは明治の初めまで、ニホンオオカミがいたのはほぼ間違いありません。

■片山潜も書いた

江戸時代末期に、加計町に近い岡山県弓削村に生まれた著名な革命家、片山潜も『わが回想』（上巻）で、こう書いています。

「又冬寒い晩などは夜更けて狼の叫くすさまじい嫌な声が聞こえることもあっておっかなかった」

エゾオオカミと比べ、小柄だったニホンオオカミですが、遠吠えはすさまじいものだったようです。実際、ニホンオオカミの子どもさえ、強いイヌを恐れさせたという逸話がたくさん残っています。

松谷みよ子さんの『現代民話考　10　狼・山犬・猫』（1994年、立風書房）に、奈良県のこんな話が載っています。

——ある時、矢谷さんが村におりていくのに仔犬がついてきた。仔犬が道を歩いていると、大きく強そうな犬までがこそこそ逃げてしまう。仔犬は実は狼だったのである。

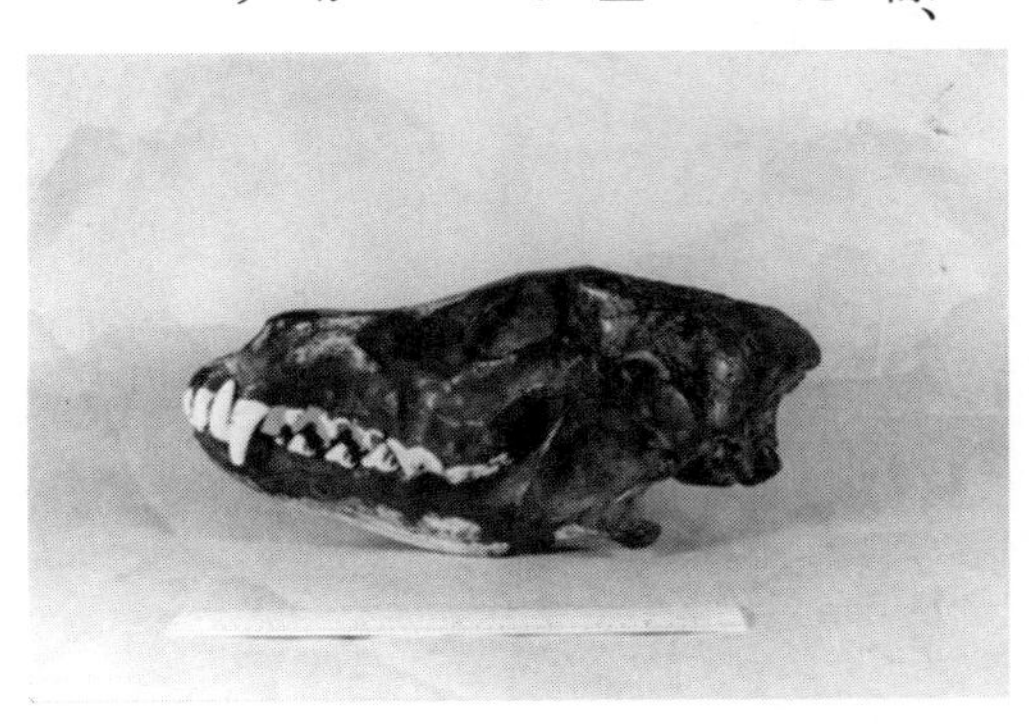

「自然環境研究センター」の米田正明研究員（当時）が鑑定した広島県加計町のニホンオオカミの頭骨＝1992年

平岩米吉氏も『狼―その生態と歴史』（動物文学会、1981年）で「甲子夜話」にある次の話を紹介しています。

――伯州（鳥取県）の大山で狼の子を捕らえ、それを雲州（島根県）松江城下へもってきて、見世物にした。この狼の子は猫ほどの小さなものであったにもかかわらず、大きな犬が三間（五・五メートル）も離れているところから震えてしまって、鞭でうってもすすめなかった。

■一九〇五年が最後

ニホンオオカミは一九〇五（明治三十八）年、奈良県鷲家口で捕獲されたのを最後に絶滅したと言われています。北海道を除く日本列島に広く生息していたニホンオオカミはなぜ絶滅したのでしょうか。

平岩氏は、前記著書で、絶滅の原因として次の五つを上げています。

①海外からの狂犬病の侵入と流行によって、病狼となったオオカミが人を襲うようになった②このため、当時発達の著しかった銃器の対象になった③銃は鹿などの猟獣に向けら

れ、食物を奪った④開発の進行により、オオカミの生息地が奪われた⑤家犬との接触で、激しい伝染力を持つ疫病がニホンオオカミの世界に侵入、集団の中に広がった。

■有害獣として駆除

しかし、果たしてこれらの原因だけなのでしょうか。この点で、今年の春、東京農工大大学院農学府の中沢智恵子氏がオオカミセミナーで行った研究報告が大変参考になります。

それによれば、東北六県の公文書調査で、かなりの数のニホンオオカミが有害獣として駆除されていたことが判明したというのです。

とりわけ岩手県では、オオカミ捕獲者への手当金制度の開始時の布達で、オオカミは天皇の支配拡張を妨げるものと断定するなど、家畜を捕食す

ニホンオオカミのはく製（写真提供＝国立科学博物館）

るオオカミを天皇への反抗と見なしていたことが明らかになりました。

中沢氏は、江戸時代からの狼害対策が明治になっても続き、とりわけ岩手県ではオオカミ駆除手当金制度を一八七五年に開始、その後の五年間ほどで、子オオカミも含め、合計二百一頭が捕獲されたことを明らかにしました。

狂犬病やジステンバーの流行による打撃のうえに、懸賞金までかけられたことが、ニホンオオカミの絶滅に拍車をかけたのは間違いありません。

高知県佐川のオオカミ

一九九九年三月五日、毎日新聞が「ニホンオオカミの最大級頭がい骨　高知県の旧家で発見」と報道しました。

■先祖が山中で射殺

この頭骨は、高知県仁淀(によど)村森の片岡幸貞さん（当時七十三歳）方に「先祖が山中で天保八（一八三七）年に射止めた」と伝えられ、保管されていたものでした。頭がい骨の最大長は二十三・五センチで、日本各地で発見されたニホンオオカミの頭骨では最大と大阪市立大学医学部で鑑定されました。骨の上部に弾丸で貫いた穴があり、骨には肉片も付着しており、DNA鑑定も可能でした。

■江戸時代まで生息

なぜ四国に大型のニホンオオカミが江戸時代まで生息していたのか。仁淀村（現在は合併して仁淀川町）の近くに佐川町というところがあります。

斎藤弘吉著『日本の犬と狼』によれば、紀元前五千年から紀元前後にわたるわが国の遺跡から、他の獣骨とまじってオオカミの骨が発掘されています。そのなかでも大きいのが、佐川町で発掘されたオオカミの骨でした。

斎藤氏はこう指摘しています。

「特に土佐佐川の洞窟からは、日本石器時代の狼としては最も体格の大きいものが数体分、東大長谷部教授等によって発掘された」

エゾオオカミの頭骨（写真提供＝北海道大学植物園）

「わが国石器時代の狼のうちでも、その体格が特に大きい土佐佐川発掘のものは、現代日本狼よりも大きいが、地質時代の化石狼よりは小さく、ほぼ現代朝鮮狼の中体格くらいである。佐川以外の各地から発掘された石器時代狼の体格は、ほぼ現代日本狼の範囲内である」

斎藤氏のいう「現代日本狼」とは、江戸時代中期以降に採集されたもので、主に頭骨です。

■発見した骨に咬痕

佐川オオカミが発掘されたのは佐川町城ノ台の石灰洞遺跡です。一九四一（昭和十六）年に長谷部言人博士らによって調査されたものです。

『高知県の考古学』（１９６６年発行）は、縄文早期とみられるこの遺跡について、こう指摘しています。

「調査の結果、石鏃（せきぞく）・石鎚・土器片などの遺物は洞窟の奥深いところから、洞中の堆積土（たいせきど）中からは人骨をはじめ狼その他の獣骨が発見されている」

「これらについても同遺跡を調査された長谷部博士は、石器時代人の食糧になった獣類などの骨でなく、これらの骨のなかにある狼が洞窟内にくわえこんだ動物の遺残であるとされ、穴熊や狸の骨には狼の咬痕(こうこん)がついているとされている。この狼の骨はこれも長谷部博士の研究によれば、特に〝佐川狼〟と名づけられ」「縄文時代には本州・四国・九州に住んだであろうとされている」

珍しいのは、この遺跡からは小柄な老男子の骨の破片が多数発見され、なかにはオオカミのかみ痕(あと)が発見されていることです。

■シベリア系の血?

さて、佐川オオカミはどこからきたのか。ニホンオオカミの研究家で知られる直良信夫

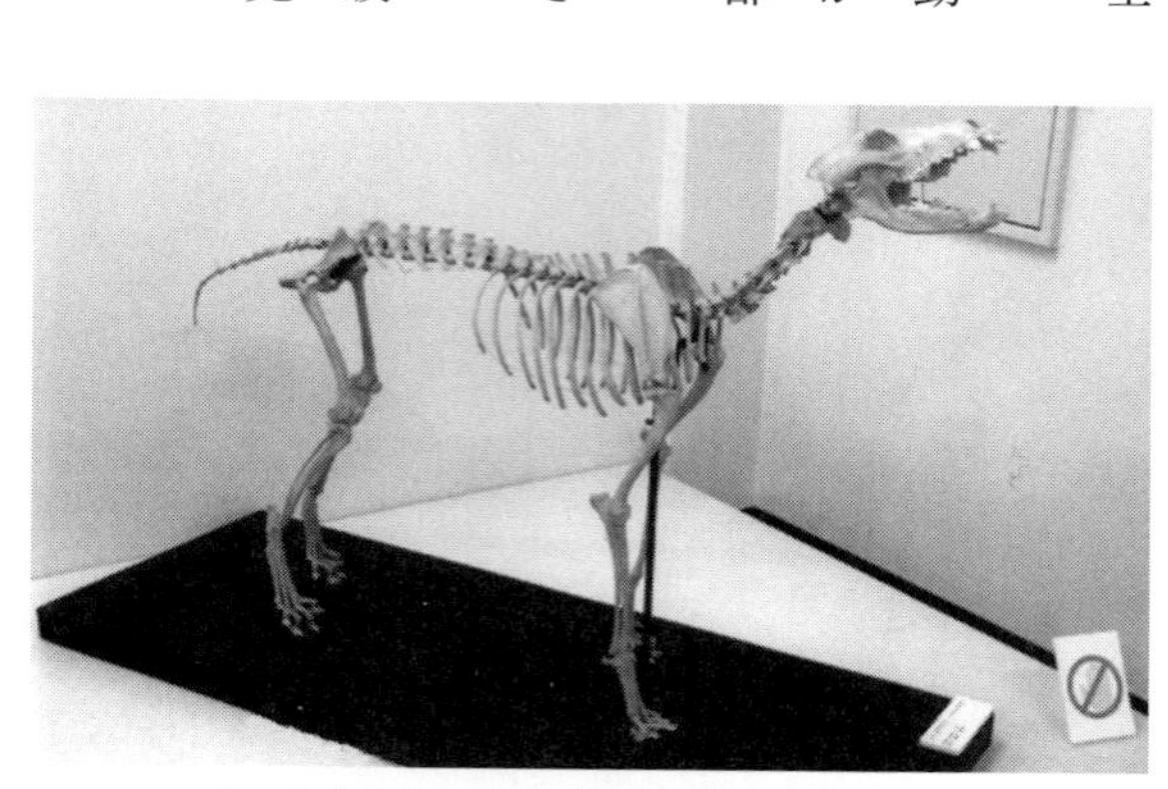

ニホンオオカミの骨格(栃木・佐野市葛生化石館)

氏は『狩猟　ものと人間の文化史』（法政大学出版局、１９６８年）の中で、こう書いています。

「本州、四国、九州には、ニホンオオカミと呼ばれていた、やや小型のオオカミが棲息（せいそく）していたが、実際には、そのような小型のものばかりではない。古墳時代後期の頃まで、エゾオオカミなどとともに、シベリアオオカミの系統に入る大型のオオカミも棲息していた。」

縄文時代の〝佐川狼〟と江戸時代の仁淀村のオオカミは、古墳時代まで四国に生き残っていたシベリアオオカミの血を引いているのでしょうか。

化石オオカミ

二〇〇〇年一月十五日、長野県飯田市美術博物館の学芸員、小泉明裕氏は、東京都昭島市の多摩川の河床に露出する「上総層群」から、百七十万年前のイヌ属の化石を発見したと発表しました（「中日新聞」同月十六日付）。

■臼歯三十四・五ミリも

イヌ属といっても、イヌはまだ地球上に存在していない年代です。オオカミやコヨーテの祖先といっていい化石かもしれません。

化石は、下あごの第一臼歯の長さが約三十ミリで。カナダやユーラシア大陸に生息するタイリクオオカミや、日本各地で化石が発見されている大型の「化石オオカミ」に近い大きさでした。

数十万年前に生存した日本の化石オオカミは、栃木県葛生町（現・佐野市）、青森県下北郡東通村の尻屋崎、静岡県引佐郡井伊谷村（現・浜松市北区引佐町井伊谷）などの石灰洞などで発見されています。

斎藤弘吉氏は、化石オオカミについて、著書『日本の犬と狼』（雪華社、１９６４年）でこう指摘しています。

「これらを計測してみると、その体格が共通して現代の日本狼、朝鮮狼、支那狼よりはるかに大きく、また日本の石器時代の狼よりも大きい。我が国の化石狼と匹敵するのは全世界の現代の狼のうち、最も体格の大きいシベリア、北海道の狼である。この化石狼の下第一臼歯はおよそ二十八ミリ以上もあって、特に尻屋崎から発見のものは三十四・五ミリもあり、現在まで

オオカミの骨なども展示している栃木・佐野市葛生化石館

全世界で発見された狼の同歯中最大である」

■中型の日本犬ほど

実際、一九八八年の国立科学博物館の「日本人の起源展」の資料に掲載された静岡県引佐町の化石オオカミの下あごの化石は、ニホンオオカミの下あごの一・五倍ほどもあります。では、ニホンオオカミの大きさはどのくらいかというと、下第一後臼歯が二十四ミリから二十八ミリです。イヌ科動物の研究家で知られる平岩米吉氏によれば、肩までの高さが五十五センチ前後で、「日本犬の中型の雄、あるいは雌のシェパード犬の大きさに、きわめてよく似ている」そうです。

筆者が展覧会で見た和歌山大学所蔵のはく製のニホンオオカミも、肩の高さが五十二・五センチで、中型の日本犬ぐらいありました。これに比べ、エゾオオカミは、ずっと大きかったようです。

一九三八年、北海道を訪れた直良信夫氏は、アイヌの古老から明治初期のエゾオオカミの生態を聞き出す事ができたとして、「日本産獣類雑話」で、こう書いています。

「耳は立耳で毛が長く、背は茶褐色、腹は淡褐色、尾は絶対に巻く事無く、肩高一米、首が比較的短く胴体はよく太って丸みをもっていた。家犬のようにワンワンと吠えるのではなく、狼特有のウォーウォーであった」

肩高一メートルは、オーバーのようです。というのは、ハイイロオオカミ（タイリクオオカミともいう）の肩高でさえ、六八センチから九十七センチ（今泉忠明著『野生イヌの百科』＝データハウス、１９９３年）とされているからです。ちなみに平岩米吉氏は、有名な「オオカミ王ロボ」の肩の高さは九十一センチだったとシートンが記載している、とのべています。

■なぜ姿を消した

前にのべたように、体重からいって小型のハイイロオオカミのオスぐらいだったエゾオオカミの肩の高さ

1904 年ごろ捕獲されたニホンオオカミのはく製（和歌山大学所蔵）

はハイイロオオカミより低かったと考えられます。

では、日本列島にいた大型の化石オオカミはなぜ、姿を消したのでしょうか。斎藤弘吉氏は、氷河期に北方の大型オオカミが日本に生息していたが、日本が温暖期に移るころになって、南方系の小型のオオカミが移住し、気候の変動とともに主力を占め、ニホンオオカミの祖先になったという趣旨の結論をのべています。

続・化石オオカミ

前回、化石オオカミは北方系オオカミで、気候の温暖化で南方系オオカミが勢力を強めた説を紹介しました。

■駆逐説が否定され

しかし、国立歴史民俗博物館教授の春成秀爾氏によると、新たな動物種の登場から、大陸と日本列島の陸橋の存在は次のように推定されるとしています（「更新世末の大形獣の絶滅と人類」＝国立歴史民俗博物館編『国立歴史民俗博物館研究報告』、２００１年）。

氷河時代ともいわれ、新型の哺乳（ほにゅう）動物が出現した更新世は、約百八十万年前から約一万三千年前とされています。

春成教授は、更新世前期（百二十―百万年前）は、南西？の道（東中国海）からシガゾウなどが、更新世中期前半（六十―五十万年前）に南西の道からトウヨウゾウなどが、更新世中期後半（四十―三十万年前）に西の道（朝鮮海峡）からナウマンゾウなどが、更新世後期末（三―二万年前）に北の道（宗谷海峡）からマンモスなどがきたと推測されると言います。

この説に従うと、三万年前より古い化石オオカミは北方系ではなく、北方系オオカミを駆逐したのは南方から移住してきたオオカミという説そのものが否定されてしまいます。

■南西から渡った？

それを裏付けるように、直良信夫氏は労作『日本産狼の研究』で、「最初に渡ってきたオオカミ」との見出しで、北九州市門司区松ヶ枝町の洞窟（どうくつ）から出土したオオカミの化石について、こう記述しています。

「大型のオオカミが、洪積世（注＝更新世）のごく初期に、西南日本の一隅にゾウやサイなどと共にすでに出現していたという事実は、日本のオオカミを研究しようともくろんでいる私にとっては、特記に値することがらでなければならない。私の手もとには、現在では前臼歯その他の貧弱な資料しか残されていないが、臼歯の大きさからみて、大形のオオカミであったことがたしかめられた」

さらに、直良氏は「北関東地方の化石オオカミ」の見出しで、栃木県葛生町（現・佐野市）会沢大久保宮田石灰工業の採掘場から発見された化石オオカミについて、こう述べています。

「復元して見ると、頭蓋骨長が約二百六十ミリメートル、基底骨長が約二百五十ミリメートルであったから、すばらしく大形なオオカミであったことが考えられよう。シベリア産のオオカミ（頭蓋骨長二百三十五・二ミリメートル、基底骨長二百十九・〇ミリメートル）に比べてみると、頭骨はひとまわりほど大きく……」

直良氏は、この葛生町の化石オオカミの生息年代を、「下部洪積世（注＝更新生前期）の終わり頃のものか、

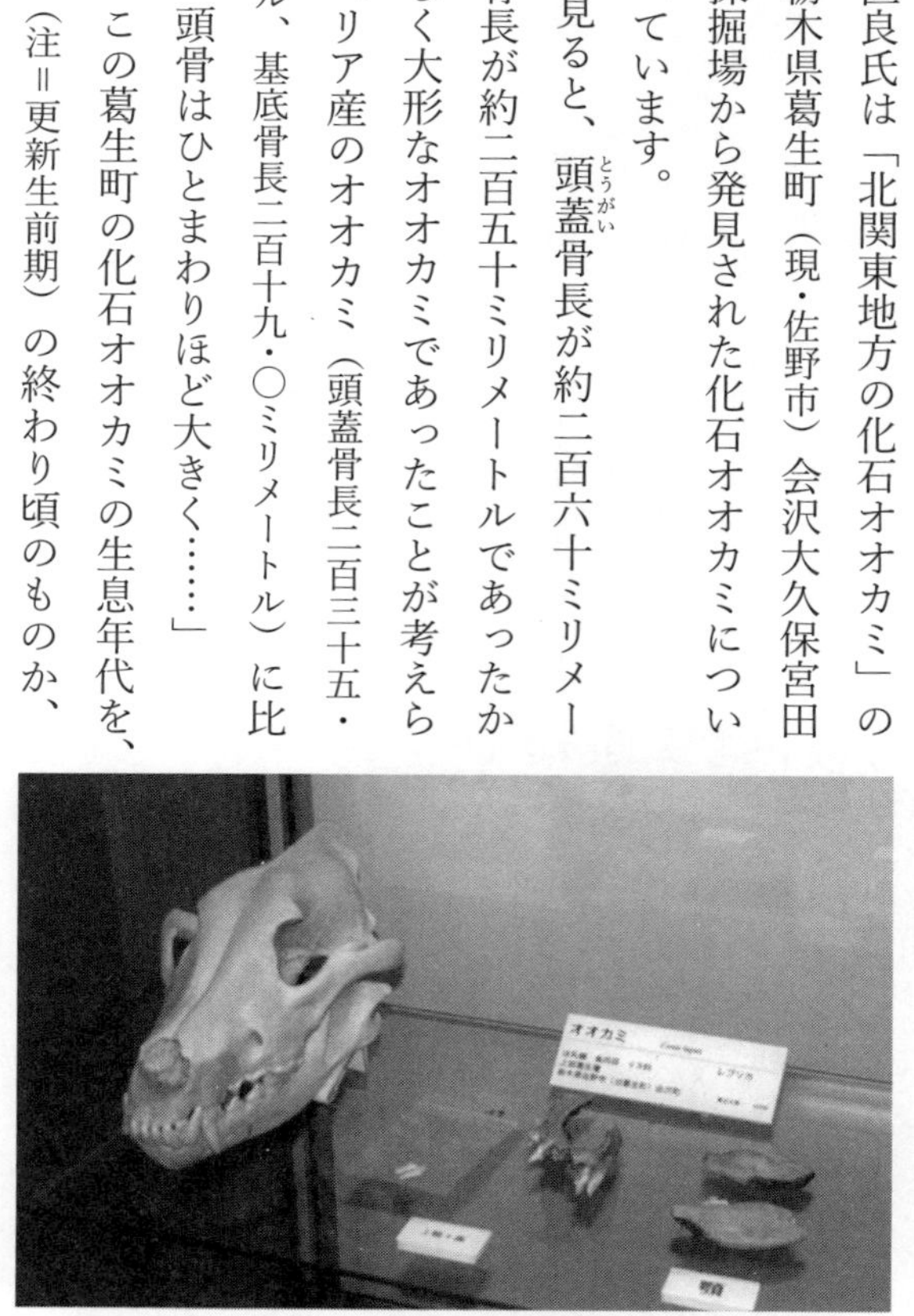

化石オオカミの上あご（右側）と頭骨のレプリカ（複製）
＝佐野市葛生化石館

あるいは中部洪積世のある時期」としています。同じ層からは、ヒョウや褐色グマの化石も発見されています。

化石オオカミは北方系オオカミというより、南西あるいは西の道から、トウヨウゾウやナウマンゾウと一緒に日本列島に渡ってきたようです。

■次第に寒くなり……

直良氏は、前出の著書で、こう指摘しています。「日本の洪積世はその前半は南方系のゾウの分布が示しているように、概して熱帯性獣類の棲息に好条件を持った環境が、久しく続いていた。したがってこのような気候風土では、北ユウラシア系に属するオオカミにとっては、割合にすみにく

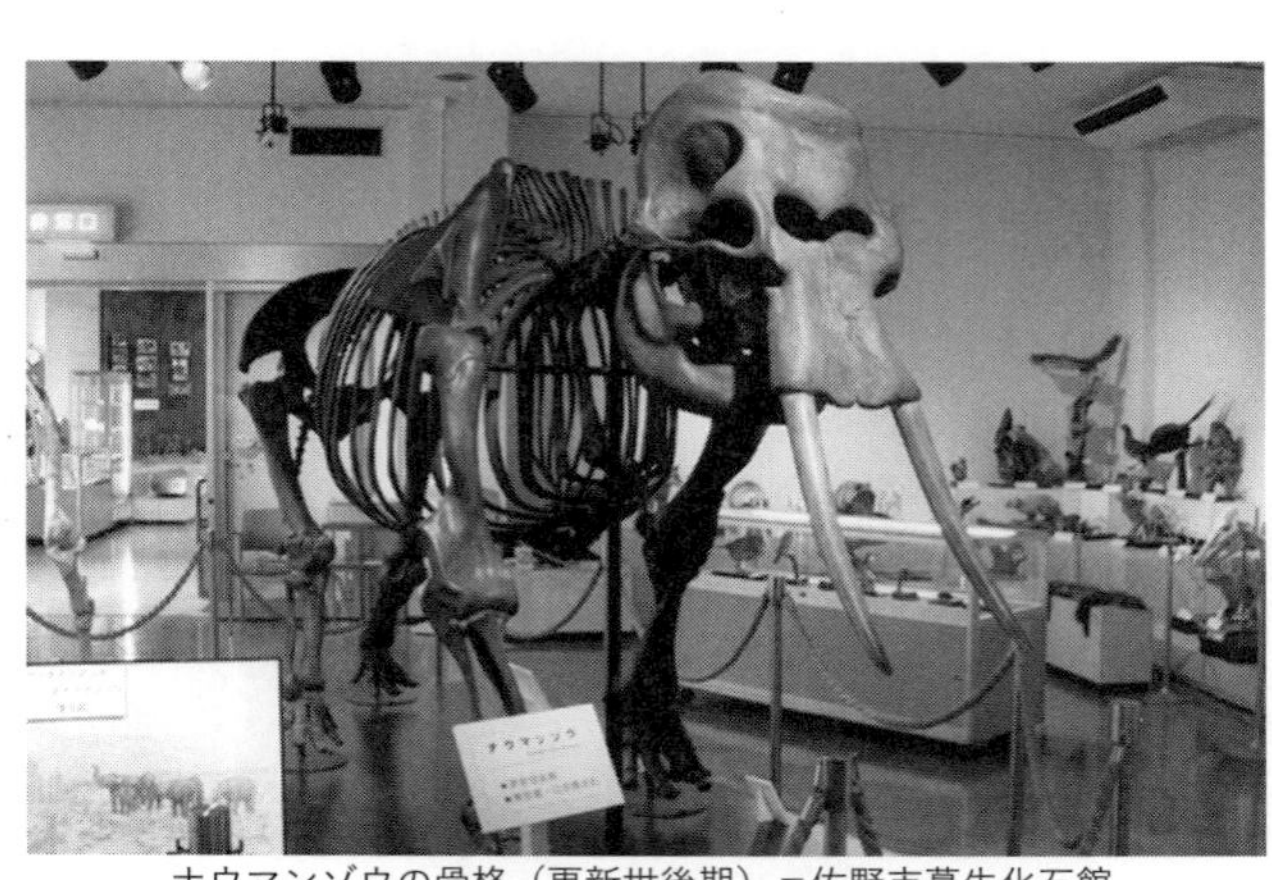

ナウマンゾウの骨格（更新世後期）＝佐野市葛生化石館

い世界であったといえよう」

ところが、日本の洪積世（更新世）も中期ごろから、次第に寒くなってきたようで、続いてこう述べています。

「そのために北ユウラシア系好寒性の野獣化石の発見される地点からは、多少の差異はあってもオオカミの化石骨の出土が多い。発見される量も多いが個体の異常な発達が特に目立つ」

九州産ニホンオオカミ

江戸時代の読本作家、滝沢馬琴を有名にした『鎮西八郎為朝外伝　椿説弓張月』（1807年『前篇』出版）に二頭のオオカミが登場します。

■馬琴は知っていた？

為朝が豊後の国（現在の大分県）の山中で道に迷ったとき、二頭のオオカミの子がシカの死体を前に血まみれで争っているのを仲裁したところ、二頭は争いをやめ、以来為朝が追い返そうとしても、離れずに為朝の住まいまでついてきました。二頭は山雄と野風と名づけられ、猟犬のように、シカやイノシシを捕えて為朝の下に運んできたと書かれています。

滝沢馬琴は、九州にニホンオオカミが生息していると知っていたのでしょうか。豊後の国の隣の肥後（現在の熊本県）藩主細川重賢の動物の写生本『毛介綺煥（もうかいきかん）』（1758年）にオオカミの図があることから知っていたかもしれません。それはともかく、熊本県でオオカミの骨が発見されたのは近年になってからです。一九六七年に八代郡泉村（現・八代市泉町）矢山岳のたて穴で発見（報告は一九六九年）されたのが第一標本です。

第二標本は同じ八代郡泉村京丈山洞窟からニホンオオカミの全身骨格が発見されたもので、一九九〇年代末に骨学的検討と年代測定が試みられています。

熊本市立熊本博物館の「熊本博物館報」（1999年7月）に掲載された報告によれば、このオオカミの頭骨全長は二百十八・八ミリで、平均より少し大きいといえます。

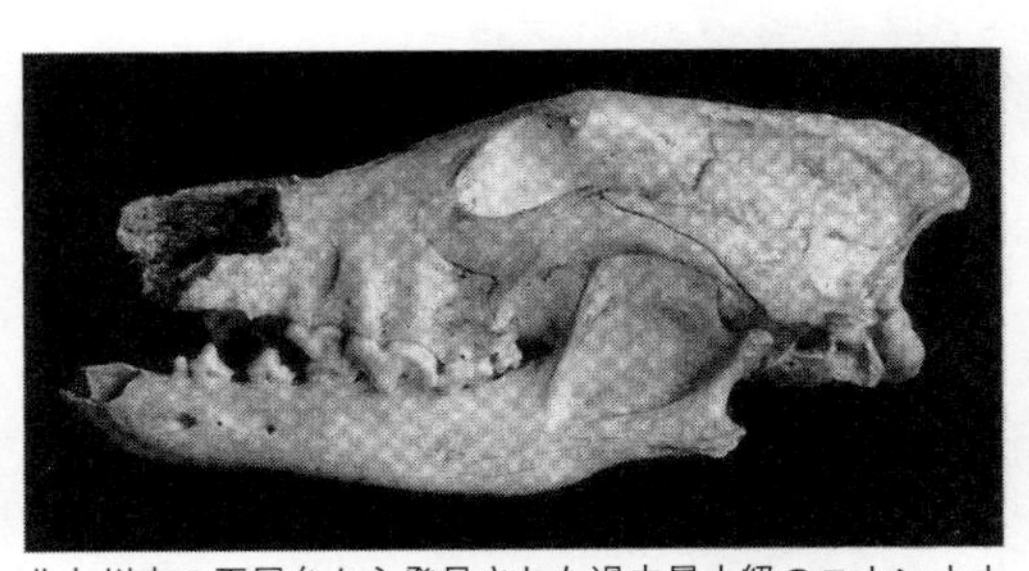

北九州市の平尾台から発見された過去最大級のニホンオオカミの頭蓋骨（とうがいこつ）と下顎骨（かがくこつ）（写真提供＝群馬県立自然史博物館）

■室町から江戸初期に

さらに、放射性炭素法を使って、骨の年代測定を行った結果、室町時代から江戸時代初期にさかのぼる可能性が示されたといいます。室町時代から江戸初期といえば、その大半は各地で戦乱が相次いだ時代です。そんな時代に平均よりも大きなニホンオオカミが九州の山野を駆け回っていたことになります。

注目されるのは、そんな九州から、過去最大のニホンオオカミの頭骨が出て来たことです。

二〇〇四年六月二十七日、北九州で開かれた日本古生物学会で、同市小倉南区平尾台の石灰岩洞窟で一九七二年に発見された動物の頭骨がニホンオオカミの頭骨で、うち一点はニホンオオカミでは過去最大の頭骨であることが発表されました。報告したのは、群馬県立自然史博物館の長谷川善和館長らのグループでした。

同博物館の研究報告（8号）から、詳細を見てみると——。報告された標本は四点で、うち三点は福岡県北九州市の平尾台の頭骨で、一点は熊本県泉村矢山岳産の頭骨と体骨格の一部です。いずれもニホンオオカミの骨と鑑定されていますが、注目されるのは平尾台のこむそう穴から発見された第二標本です。

■ずばぬけた頭骨が

これまで、高知県仁淀村から発見された頭骨（全長二百三十五・八ミリ）が過去最大級とされてきました。ところが、こむそう穴の第二標本は、吻（ふん）の先が欠落しているものの、下あごの長さは仁淀村のものより大きく、そこから推定すると、頭骨全長は二百四十二・一ミリと、これまでのニホンオオカミでは最大級となります。

同研究報告が掲載している各地のニホンオオカミの頭骨三十点の表によれば、全長が二百三十ミリを超えているものは四点しかなく、二百四十二ミリ

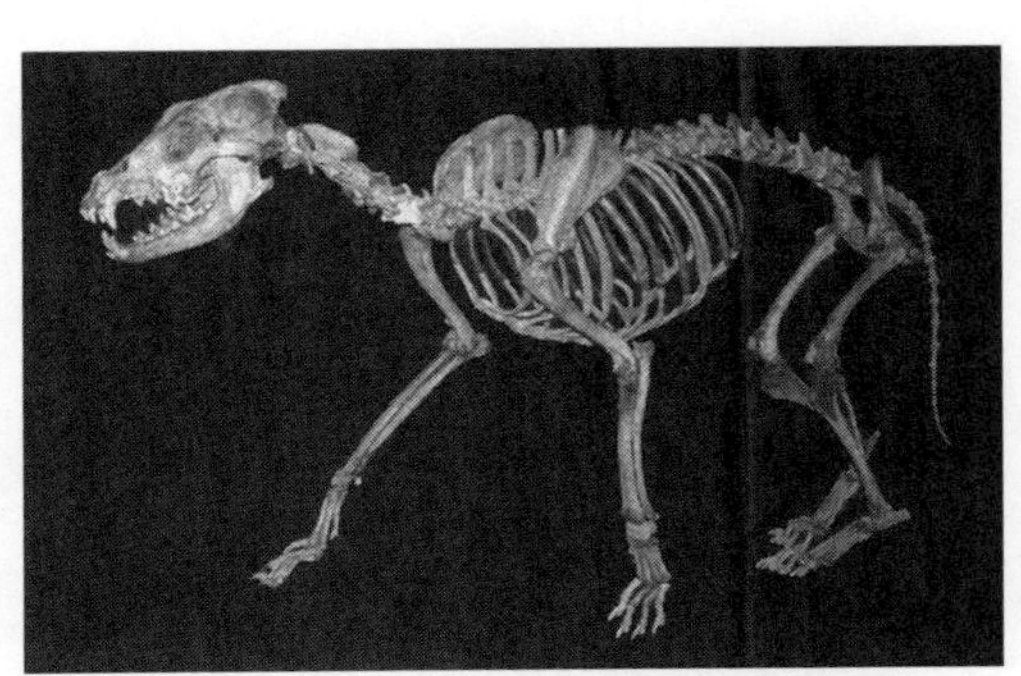

1976年から77年にかけて熊本県八代郡泉村（当時）京丈山洞穴から発見された、ニホンオオカミの全身骨格（写真提供＝熊本市立熊本博物館）

はずば抜けているといえます。

平尾台の洞窟からは、ステゴドンゾウやナウマンゾウも発見されています。しかし、このむそう穴の第二標本が発見された地点で採集された動物遺骸(いがい)は、野ウサギなど現生種ばかりであり、「更新世まで古くはならない」としています。同時に、各標本とも化石化の程度は弱く、江戸時代から明治時代初期に捕獲された物より、「古い物と思われる」としています。

室町時代から江戸時代にかけてのニホンオオカミの中でも、最大級のものが日本列島の南方に位置し、一種の島国である四国や九州に生息していたということは大変興味深いことです。

イヌのルーツは？

人間が最初に家畜化した動物と言われるイヌ。では、イヌの祖先はどんな動物なのか。これについては、さまざまな議論がありました。イヌとオオカミとジャッカル、コヨーテは交配が可能なことから、オオカミ説やジャッカル説、オーストラリアの野生犬、ディンゴ説などが生まれました。

■世界のイヌの七一％が

ノーベル賞も受賞した世界的な動物学者、コンラート・ローレンツは、イヌの多くはジャッカル系で、わずかにオオカミ系も存在しているとして、ジャッカル祖先説を普及させました。しかし、その後の研究で、ジャッカル説を撤回しています。ディンゴ説は、いまではディンゴはイヌそのものであり、人間とともにオーストラリアに移住したイヌが野生化したものと考えられています。

この点で、米科学誌『サイエンス』二〇〇二年十一月二十二日号が興味深い論文を掲載しました。母親だけから受け継がれるミトコンドリアＤＮＡの分析から、世界のイヌの祖先をたどると、少なくとも五頭の雌オオカミに行き着くというのです。

それによると、スウェーデン王立工科大学のサボライネン博士らは欧州、アジア、アフリカなどの計六百五十四頭のイヌと、ユーラシア大陸の三十八頭のオオカミのミトコンドリアを解析。塩基配列を比較検討し、五つまたは六つのグループに分類できることを解明しました。このうち東アジアのオオカミを祖先とするグループに、

この可愛いパピヨンの祖先もオオカミ？
＝東京・世田谷区の駒沢公園のドッグランで

世界のイヌの七一％が属していました。

■三万年前に家畜化

実は、一九九〇年代のイヌとオオカミのDNA分析で、「イヌにもっとも近縁なのはオオカミであり、少し距離をおいてコヨーテ、つぎにジャッカルの順に近縁になっている。DNA解析からは、オオカミだけが犬の直接の祖先であると結論できるようだ」（猪熊壽著『イヌの動物学　アニマルサイエンス』＝東京大学出版会、2001年）ということや、「イヌの家畜化は世界のいろいろな場所で異なる時期に生じた、あるいは一度家畜化されたイヌは各地で何回もオオカミと交雑されたことが示唆されている」（同）ことなどがわかっていました。『サイエンス』論文は、こうした研究を土台にさらにくわしく調べたものでした。

また、この『サイエンス』論文は、考古学的記録はオオカミの家畜化の時期を一万四千年前から九千年前と推測しているとのべたうえで、一方で私たちのデータは四万年前、もしくは一万五千年前に東アジアにおいて一頭のタイプのオオカミから始まったことを示唆している、とのべています。そのうえで最終的には、オオカミの家畜化は一万五千年前の方が可能性が高いと結論付けています。

実は、考古学では、一万五千年前よりも古いイヌの化石が発掘されています。

猪熊氏は先の著書で、こう指摘しています。

「考古学的研究によると、イヌはいまから約三万年前には人類の住居の周囲で暮らしていたようである。アラスカのユーコン地方で、少なくとも二万年前のイヌの化石が発掘されている（Kurten and Anderson １９８０）。アメリカインディアンがアジアからアメリカへ渡ったのは約二万六千—二万八千年前なので（Muller Beck １９６７）アラスカのイヌはヒトとともにアジアから移動した可能性が強い。イヌはそれより前の時代に、すでにヒトと共存していたのである」

ヨーロッパオオカミ

■柴犬の方が近縁

一方、『サイエンス』二〇〇四年五月二十一日号は、米国の研究チームが八十五種四百十四頭のイヌとオオカミのＤＮＡを比較した結果、シェパードよりも柴犬や秋田犬、チャウチャウの方がオオカミに近いとする論文を掲載しました。

外見がオオカミに似ているシェパードより、柴犬や秋田犬の方がオオカミに近縁なのは、イヌの有力な祖先が東アジアのオオカミだったせいでしょうか。

縄文イヌはどこから

氷河期時代末のドイツ・ライン地方の集落遺跡「ゲナスドルフ」は、火山から噴出した軽石に覆われ、さまざまな遺物、住居跡が良好な状態で残っていたことで知られています。放射性炭素の年代測定によると、住居跡は紀元前一万四百年のもので、当時は、温暖期に属していました。

■歯に家畜化の兆候

注目されるのは、ここから発見された二つのオオカミの歯です。オオカミを家畜化すると、その兆候は歯にも現れますが、ゲナスドルフのオオカミの歯は、わずかしか変形していないので、「すでに『イヌ』、あるいは幼獣を捕まえて人間が飼い慣らしたオオカミであると、明言できないこともない」（ゲルハルト ボジンスキー著『ゲスナドルフ―氷河時代狩猟民の世界』＝六興出版、１９９１年）と指摘されています。

明治大学名誉教授の大塚初重氏は、近著『考古学から見た日本人』（青春出版社、２００７年）で、三万年以上前に住んでいた旧人・ネアンデルタール人がすでにオオカミを飼い慣らし、マンモスを狩っていたという説があることを紹介しています。

実際、ネアンデルタール人が三万年前に飼っていた犬の骨を、東京大学理学部の調査隊がシリアで発見したという指摘もあります（佐原眞著『体系日本の歴史①日本人の誕生』＝小学館、１９８７年）。ネアンデルタール人がイヌを飼っていたとすれば、新人と呼ばれる私たちの直接の祖先が、親とはぐれた子オオカミや巣穴の子オオカミを捕えて飼い慣らし、狩猟に使ったことは、十分考えられます。

■飼い慣らす努力が

日本でも「長野県茅野市近郊の遺跡では、ニホンオオカミを飼い慣らして、家犬化することに努力している」（直良信夫著『狩猟』）という例も発見されています。

では、縄文イヌは、ニホンオオカミを飼い慣らし、家畜化したものなのでしょうか。そういう気がしないでもありません。

しかし「骨学的研究によれば、和歌山県産のイヌにはニホンオオカミの特徴らしきものがわずかに出現するけれども、現在の日本犬にニホンオオカミの血は一滴も混ざっていないというのが定説である」（今泉忠明著『イヌの力　愛犬の能力を見直す』＝平凡社、２０００年）という指摘もあります。

確かに、縄文時代早期に発見された日本最古の縄文イヌ（約九千五百年前の夏島貝塚遺跡）が完全に家畜化されたイヌであることから、大陸から渡来したと考える方が自然かもしれません。

岐阜大学農学部の田名部雄一教授（当時）の「血液タンパク質」に注目した研究によると、本州の日本犬

縄文イヌの再現と言われる系統の柴犬

の祖型は、南方から渡来したヘモグロビン遺伝子と朝鮮半島から渡来したヘモグロビン遺伝子の両タイプの混血によって生じたものと推測されています（前出、猪熊壽著『イヌの動物学』から）。

■大きさは柴犬ほど

今泉氏は、縄文人とともに各地にすみ着いた日本犬の祖先たちはその後に朝鮮半島経由で渡ってきた弥生犬の交雑を受け、日本犬が誕生したとしています。

では、縄文イヌの容姿はどんなものだったのでしょうか。肩までの高さは三十五センチから四十センチ前後と、中型の日本犬ぐらいのニホンオオカミよりさらに小型で、柴犬ほどの大きさです。大塚氏は先の著書で、こう書いています。

1881年に東京大学が購入した岩手県産ニホンオオカミのはく製

「現在の柴犬など在来の日本犬と比べると、骨が丈夫で、顔立ちもより鼻筋がとおったキツネ顔で、猟犬のようにあばら骨が浮き出るほど痩身だったという」

また、縄文時代の泥人形やその後の銅鐸に描かれたイノシシ狩りの絵によれば、立耳・巻尾です。

縄文時代初期に弓矢を手に入れた縄文人は、縄文イヌの助けを得て、シカやイノシシ狩りをしていたようです。縄文イヌが各地で大切に埋葬されていた理由が分かるような気がします。

ルーツを探る

ニホンオオカミやエゾオオカミは、いったいどこからきたのか。DNA分析で、そのルーツ（祖先）を探る研究はすでに始まっています。

■DNA分析に成功

ニホンオオカミのDNA分析に初めて成功したのは、石黒直隆・帯広畜産大学助教授（当時、現岐阜大学教授）です。五年前の二〇〇二年九月十九日に発表されました（「毎日」）。分析したのは、連載三回目で紹介した江戸時代末期に射殺された高知県仁淀村のオオカミです。同年五月、石黒氏が粉骨や肉片を採取、ミトコンドリアDNAを分離増殖し、塩

基配列を確定しました。その結果、オオカミの特徴を持ってはいるものの、モンゴルや中国のオオカミとは遺伝的に遠く、シベリアン・ハスキー犬にもっとも近いことがわかりました。

これは、驚きです。というのは、北方系のエゾオオカミに対して、ニホンオオカミの先祖は、モンゴルや中国のオオカミと遺伝的に近いのでは、と思い込んでいたからです。

シベリアン・ハスキーは、シベリア北東部の極寒の地に住むチュクチ族に数千年にわたって改良されてきたそりイヌで、オオカミそっくりな風ぼうのイヌです。チュクチ族は、高価な毛皮の獲得を狙って、武力でシベリア全土を支配下に置こうと東進してきた大ロシア帝国に対して抵抗を続け、長年にわたって独立を維持してきた民族です。

シベリアンハスキー

■「エゾ」は大陸系

その後、石黒氏はエゾオオカミとニホンオオカミの遺伝的違いの解明に着手、二〇〇三年三月、日本獣医解剖学会で、「絶滅した日本のオオカミの遺伝的特徴と系統解析」と題して、講演しました。その要旨を紹介します。

〈目的〉

エゾオオカミは形態的にもニホンオオカミに比べて大きく大陸系のオオカミとされてきた。一方、ニホンオオカミは大陸系オオカミと比べ、体型が小さくイヌに近い形質を有していた。本研究では、絶滅したオオカミの骨格よりミトコンドリアＤＮＡを増幅し、エゾオオカミとニホンオオカミの遺伝的な違いについて解析して大陸系のオオカミと比較したので、その成績を報告する。

〈材料と方法〉

エゾオオカミは、北海道大学北方生物圏フィールド科学センター植物園に所蔵されている四肢骨を二個体分解析した。ニホンオオカミは、第百三十四回日本獣医史学会で報告した四国・高知産のニホンオオカミ1個体に加えて、骨の特徴からニホンオオカミと同定され博物館などに保存されていた試料4個体を解析した。ミトコンドリアDNA（mtDNA）の分析は、骨より粉骨を採取し骨に残存しているmtDNAのDのグループ600bpをPCR法にて増幅し、これまで報告されているオオカミと犬の塩基配列と比較して系統解析を行った。

〈結果と考察〉

今回解析したエゾオオカミ二体は、mtDNAの塩基配列が同じであり、系統解析した結果、大陸系オオカミに分類され、増幅した600bpの塩基配列はカナダ・ユーコン地方のオオカミと同じであった。ニホンオオカミに関しては、二個体は十分な領域が増幅できなかったが、残り二個体は以前報告した高知産のニホンオオカミと系統樹上ほぼ同じグループに位置し、大陸系のオオカミとは異なっていた。

モンゴルオオカミ

■ユーラシアから

石黒氏らの研究から推測できるのは、ユーラシア大陸にいたオオカミが陸続きだったベーリング海峡を越えて、アラスカに行くとともに、北海道にも進出してきたのだろうということです。しかし、ニホンオオカミがなぜ中国やモンゴルのオオカミよりもシベリアン・ハスキーと遺伝的に近いのか、わかりません。なぞのままです。今後の解明が期待されます。

【参考文献】

齋藤弘吉『日本の犬と狼』（雪華社、１９６４）
平岩米吉『狼１その生態と歴史』（動物文学会、１９８１）
平岩米吉『犬と狼』（築地書館、１９９０）
平岩由伎子『狼と生きて』（築地書館、１９９８）
平岩米吉『犬の行動と心理』（池田書店、１９７６）
片野ゆか『愛犬王』（小学館、２００６）
エリック・ツィーメン『オオカミ』（白水社、１９９５）
ジル・ラガッシュ　『オオカミと神話・伝承』（高橋正男訳、大修館書店、１９９２）
同『狼と西洋文明』（高橋正男訳、八坂書房。１９８９）
マイケル・Ｗ・フォックス『オオカミの魂―人と自然の新しい関係』（北垣憲仁訳、白揚社、１９９７）
千葉徳爾『オオカミはなぜ消えたか』（新人物往来社、１９９５）
ファーレイ・モウワット『オオカミよ、なげくな』（小原秀雄訳、紀伊国屋書店、１９８２）
リック・バス『帰ってきたオオカミ』（南昭夫訳、晶文社、１９９７）
吉家世洋『日本の森にオオカミの群れを放て　オオカミ復活プロジェクと進行中』（ビイング・ネット・プレス、２００４）
柳内賢治『幻のニホンオオカミ』（さきたま出版会、１９９８）
栗栖　健『日本人とオオカミ』（雄山閣、２００４）
世古孜『ニホンオオカミを追う』（東京書籍、１９８８）
戸川幸夫『悲しき獣』（六興出版部、１９５８）
同『狼の軌跡』（講談社、１９８１）
丸山直樹他『オオカミを放つ』（白水社、２００７）

ロイス・クライスラー『トリガーわが野性の家族―北極に狼とくらした一年半』（前田三恵子訳、講談社、１９６４）
猪熊　壽『イヌの動物学』（東大出版会、２００４）
更科源蔵他『コタン生物記Ⅱ』（法政大出版会、１９７６）
野沢延行『モンゴルの馬と遊牧民』（原書房、１９９２）
犬飼哲夫『わが動物記』（暮しの手帖社、１９７０）
桑原康彰『日高の動物記』（南雲堂、１９９３）
山田伸一『近代北海道とアイヌ民族（狩猟規制と土地問題）』（北海道大学出版会、２０１１）
藤原英司『アメリカの動物滅亡史』（朝日選書、１９７６）
斐太猪之介『オオカミ追跡18年』（実業之日本社、１９７０）
平岩米吉『ニホンオオカミ残存説六十年の記』（平凡社、１９７４）
岡本健児『高知県の考古学』（吉川弘文館、１９６６）
A・T・シートン『シートン動物誌〈2〉オオカミの騎士道』（今泉吉晴訳、紀伊国屋書店、１９９７）
同『私が知っている野生動物』（集英社、１９９９）
ジョージ・ストーン『狼の歌の伝説』（寺村輝雄訳、ティビーエス・ブリタニカ、１９７９）
宮沢光顕『狐と狼の話』（有峰書店新社、１９８１）
ウィリアム・プルーイット『極北の動物誌』（岩本正恵訳、新潮社、２００２）
D・P・マニックス『パリのオオカミ』（藤原英司他訳、集英社、１９７９）
大沢宣彦『大灰色―スウェーデン狼物語』（河出書房新社、１９９２）
小原秀雄『日本野生動物記』（中央公論、１９７２）
直良信夫『日本産狼の研究』（校倉書房、１９６５）
宗像　充『ニホンオオカミは消えたか？』（旬報社、２０１７）

橋本　伸（はしもと　しん）
1946年生まれ。早稲田大学商学部卒。
1968年赤旗編集局入局。社会部副部長、論説委員、日曜版副編集長、編集総務など歴任。

日本列島にいたオオカミたち

二〇一八年一月二十二日　第一刷発行

著　者　橋本　伸
発行者　比留川洋
発行所　株式会社 本の泉社
〒113-0033
東京都文京区本郷二-二五-六
Tel 03(5800)8494
FAX 03(5800)5353
印　刷　株式会社　ミツワ
製　本　株式会社　村上製本所

ISBN978-4-7807-1670-2 Printed in Japan